더 많은 것을 알 수 있어요

※ 생쥐와 여우 가족 중 누가 더 많을까요? 더 많은 것의 스티커를 붙이세요.

참 잘했어요!

1

더 적은 것을 알 수 있어요

개수 익히기

✳ 스키를 타고 있는 토끼와 여우는 각각 몇 마리일까요? 더 적은 것의 스티커를 붙이세요.

2

더 많은 것을 알 수 있어요

※ 개수를 비교하여 더 많은 쪽 ○에 색칠하세요.　　※ 개수를 세어 그 수의 스티커를 붙이세요.

참 잘했어요!

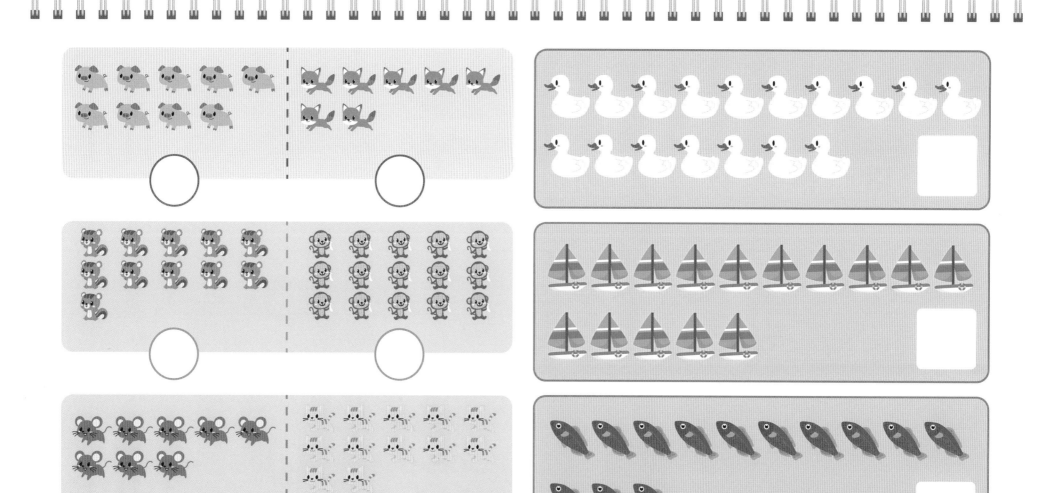

3

개수를 세어 봐요

❈ 개수를 세어 그 수에 ○ 하세요.

❈ 개수를 세어 같은 수끼리 이으세요.

참 잘했어요!

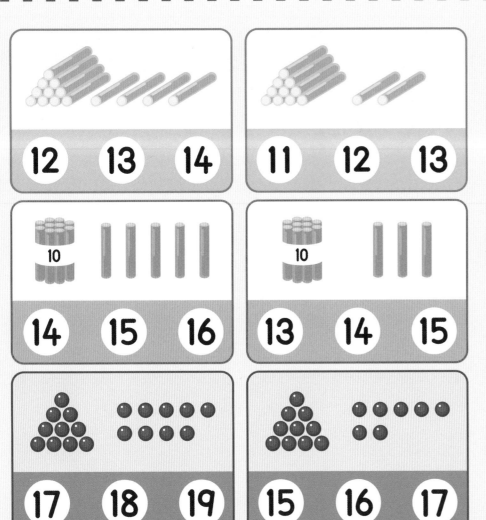

12 **13** **14**

11 **12** **13**

14 **15** **16**

13 **14** **15**

17 **18** **19**

15 **16** **17**

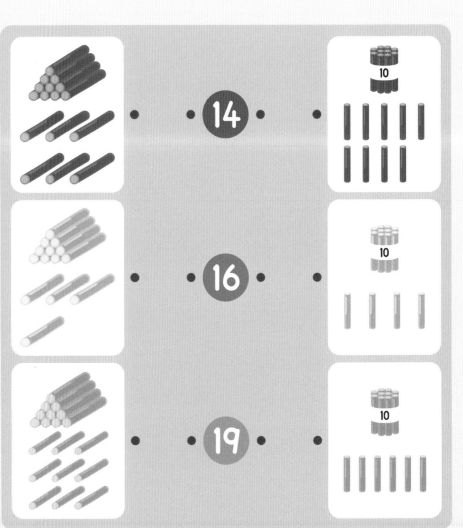

14

16

19

바르게 쓸 수 있어요

✳ 11~20까지 숫자를 읽으면서 바르게 쓰세요.

참 잘했어요!

11	11	11	11	
12	12	12	12	
13	13	13	13	
14	14	14	14	
15	15	15	15	

16	16	16	16	
17	17	17	17	
18	18	18	18	
19	19	19	19	
20	20	20	20	

| 1 | 2 | 3 | 4 | 5 | 6 | 7 | 8 | 9 | 10 | 11 | 12 | 13 | 14 | 15 | 16 | 17 | 18 | 19 | 20 |

수의 차례를 알아요

❋ 11~20까지의 수를 빈 곳에 맞게 쓰세요.

❋ 카드에 쓰인 수 중에서 더 큰 수에 ○ 하세요.

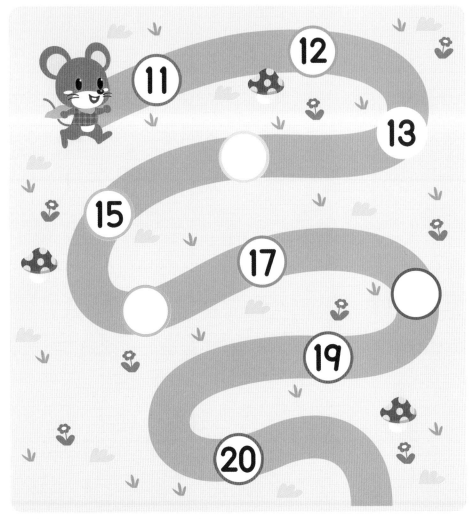

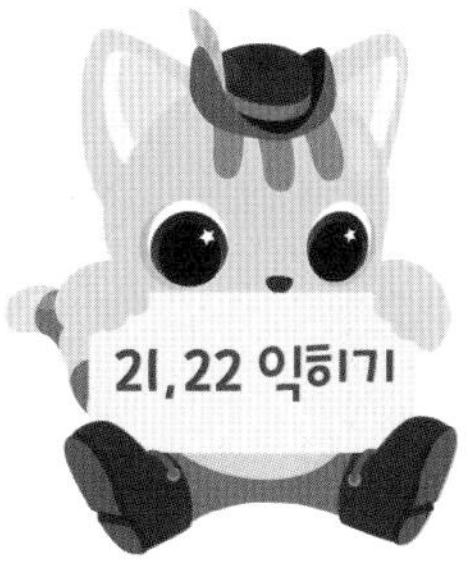
21, 22 익히기

'21', '22'를 배워요

참 잘했어요!

❋ 수를 세어 스티커를 붙이고 21, 22를 쓰세요.

❋ 세 수 중에서 가장 큰 수에 ○ 하세요.

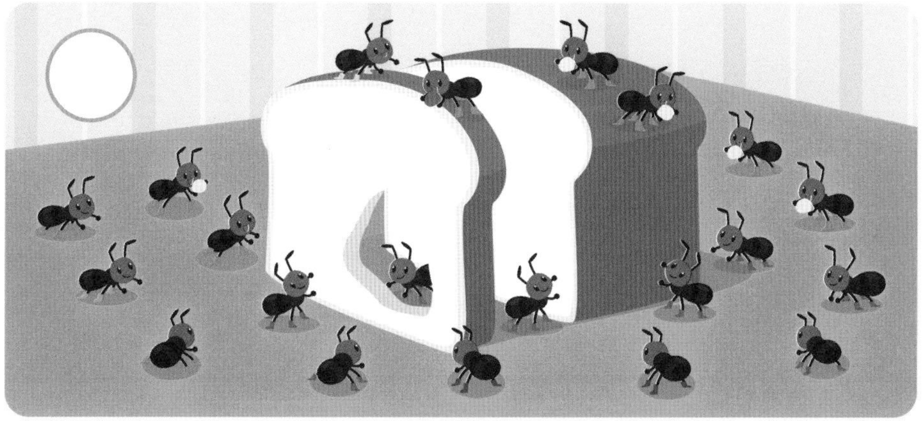

21	21	21	22	22	22
21	21	21	22	22	22

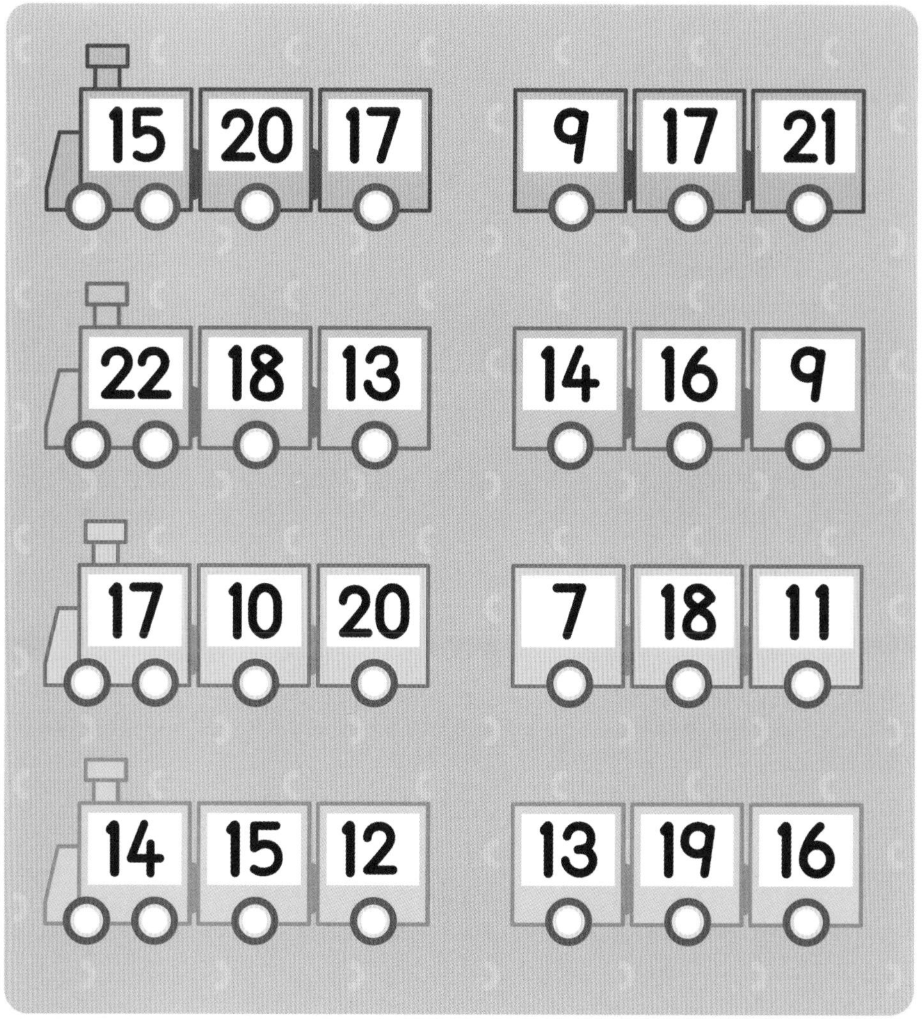
15 20 17
9 17 21
22 18 13
14 16 9
17 10 20
7 18 11
14 15 12
13 19 16

'23', '24'를 배워요

※ 수를 세어 스티커를 붙이고 23, 24를 쓰세요.　　※ 빈칸에 1 작은 수와 1 큰 수를 쓰세요.

참 잘했어요!

23	23	23
23	23	23

24	24	24
24	24	24

1 작은 수		1 큰 수
	20	
	21	
	22	
	23	

8

'25', '26'을 배워요

❊ 몇 마리 인지 ○안에 쓰고 25, 26을 쓰세요.　　❊ 수와 맞는 그림을 선으로 이으세요.

참 잘했어요!

25	25	25	26	26	26
25	25	25	26	26	26

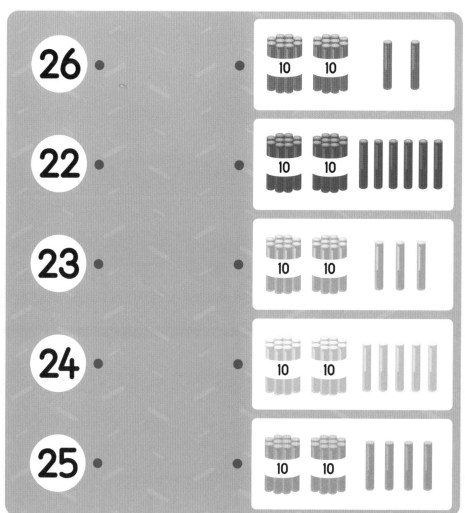

26 ·

22 ·

23 ·

24 ·

25 ·

9

'27', '28'을 배워요

❋ 몇 마리 인지 ○안에 쓰고 27, 28을 쓰세요.　　　❋ 그림의 개수를 세어 더 많은 것에 ○ 하세요.

참 잘했어요!

27	27	27	28	28	28
27	27	27	28	28	28

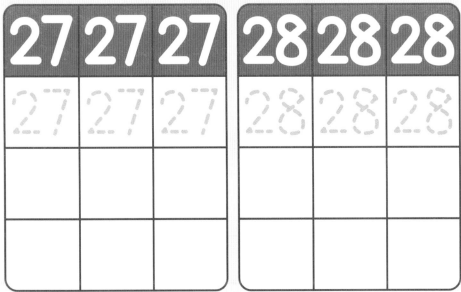

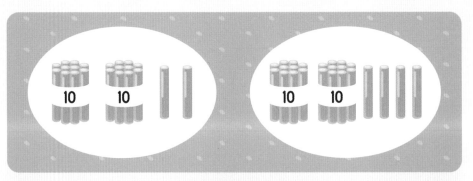

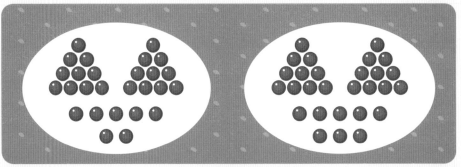

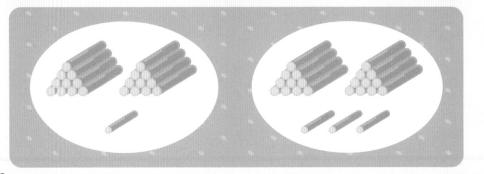

10

'29', '30'을 배워요

❋ 개수에 맞는 숫자를 선으로 잇고 숫자를 쓰세요.

❋ 수의 크기를 비교하여 ○안에 >, =, <를 쓰세요.

참 잘했어요!

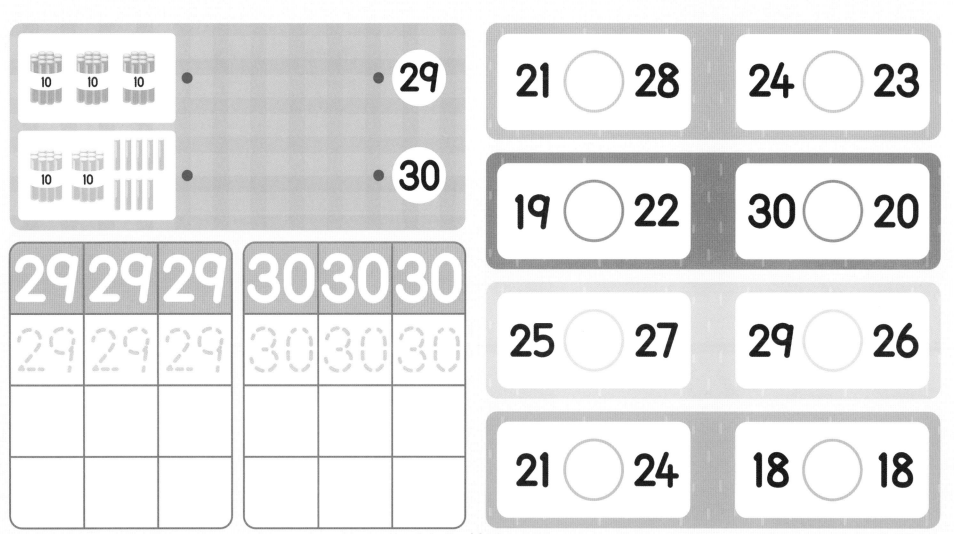

• 29

• 30

29	29	29	30	30	30

21 ○ 28   24 ○ 23

19 ○ 22   30 ○ 20

25 ○ 27   29 ○ 26

21 ○ 24   18 ○ 18

30까지의 수를 알아요

❋ 21~30까지 수의 차례에 맞게 빈칸에 쓰세요.

참 잘했어요!

	22	23	24	25		27	28	29	30
21		23	24	25	26		28	29	30
21	22		24	25	26	27		29	30
21	22	23		25	26	27	28		30
21	22	23	24		26	27	28	29	

12

신나게 스키를 타요

✳ 스키를 타는 동물의 숫자와 같은 깃발의 숫자를 선으로 이으세요.

참 잘했어요!

13

차례수를 알 수 있어요

✳ 그림의 개수에 맞는 숫자를 ○ 하세요.

참 잘했어요!

✳ 그림의 개수에 맞는 숫자를 ○ 하세요.

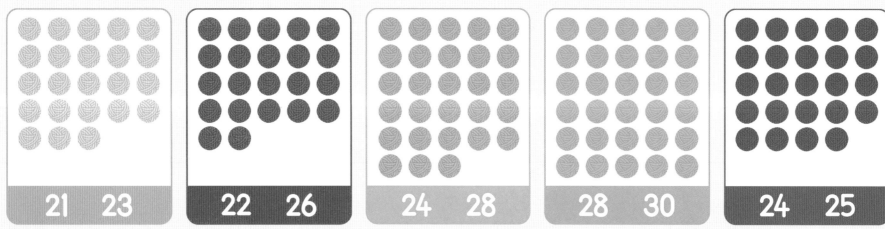

| 21 23 | 22 26 | 24 28 | 28 30 | 24 25 |

✳ 21~30까지 숫자를 바르게 쓰세요.

21	22	23	24	25	26	27	28	29	30

두 수를 모을 수 있어요

✳ 두 개수를 모은 수만큼 ○에 색칠하세요.

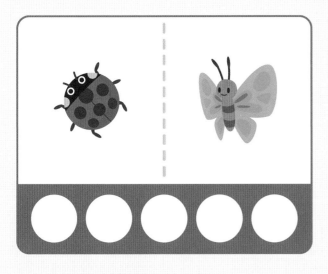

15

두 수를 모을 수 있어요

✳ 두 수를 모은 개수만큼 ○를 그리세요.

✳ 두 그림을 모은 것을 찾아 선으로 이으세요.

참 잘했어요!

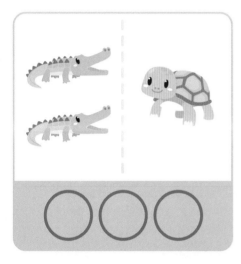

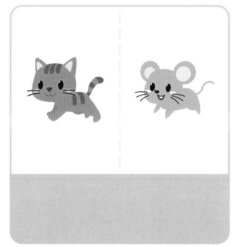

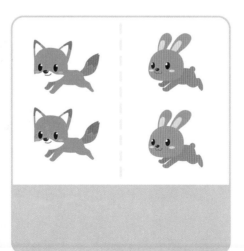

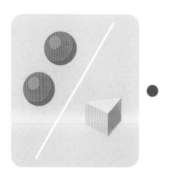

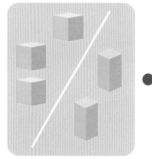

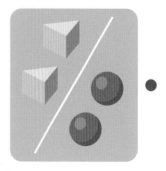

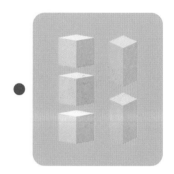

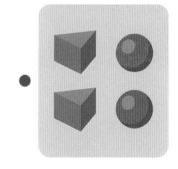

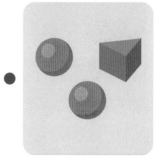

16

두 수를 모을 수 있어요

❋ 두 수를 모은 개수만큼 ○에 숫자를 쓰세요.

참 잘했어요!

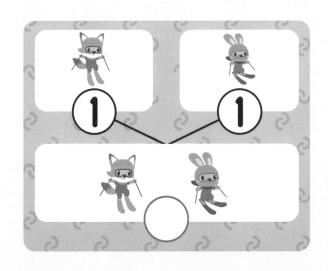

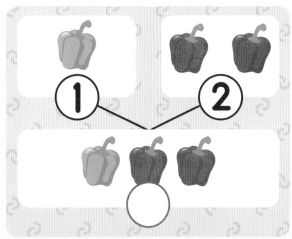

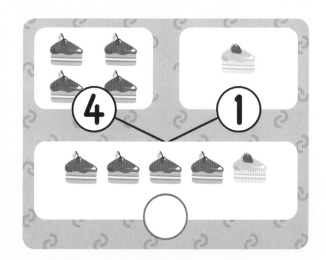

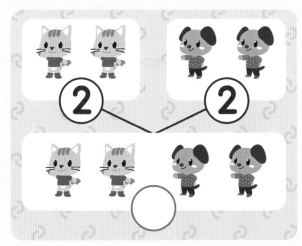

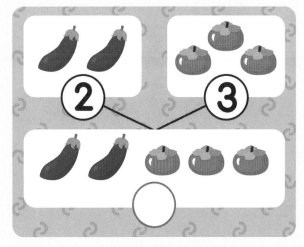

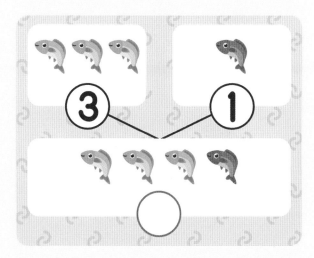

두 수를 모을 수 있어요

✳ 두 그림을 모은 수에 ○하세요.

참 잘했어요!

1 2 3 4 5

1 2 3 4 5

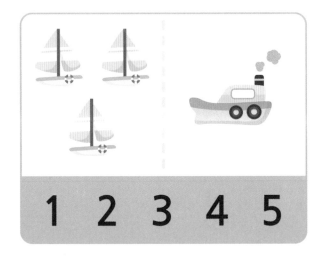

1 2 3 4 5

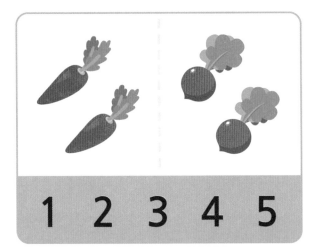

1 2 3 4 5

1 2 3 4 5

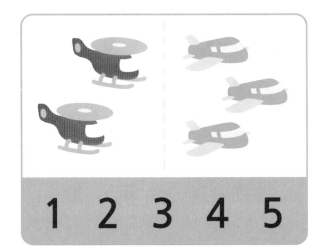

1 2 3 4 5

두 수를 가를 수 있어요

수 가르기

✳ 그림에서 빼고 남은 개수만큼 스티커를 붙이세요.

참 잘했어요!

두 수를 가를 수 있어요

✳ 그림을 보고 남은 수를 찾아 선으로 이으세요.　　✳ 남은 수만큼 ○에 색칠하세요.

참 잘했어요!

20

두 수를 가를 수 있어요

✳ 두 수로 가른 수만큼 스티커를 붙이세요.

참 잘했어요!

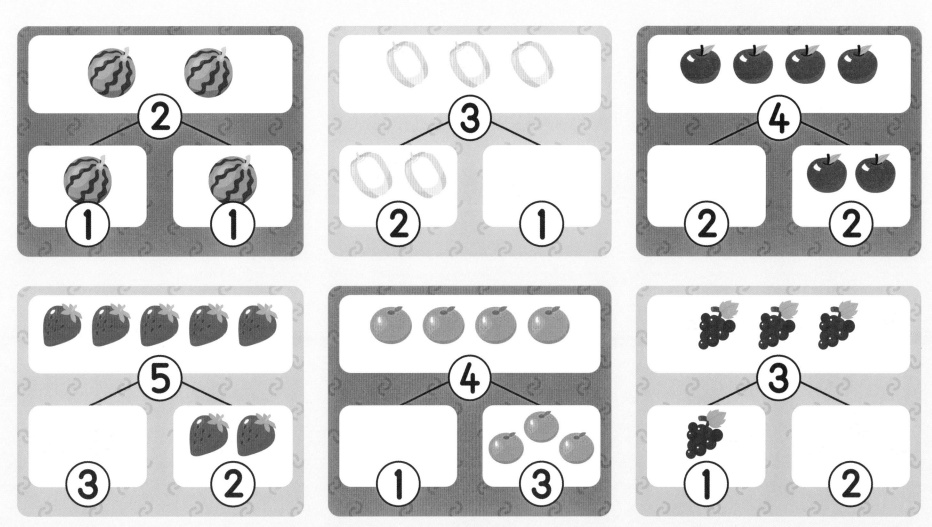

21

5 이내의 수 가르기

참 잘했어요!

※ 그림을 보고 두 수로 가른 수를 빈칸에 쓰세요.

3 → 1 , 2

3 → 2 , ☐

4 → ☐ , 2

5 → ☐ , ☐

4 → ☐ , ☐

3 → ☐ , ☐

30까지의 수를 셀 수 있어요

❋ 개수를 세어 그 수에 ○ 하고 읽어 보세요.　　　❋ 빈칸에 1작은 수와 1큰 수를 쓰세요.

참 잘했어요!

❋ 비행기는 모두 몇 대일까요? 그 수에 ○하세요.

| 21 |
| 22 |
| 23 |
| 24 |
| 25 |

❋ 다음 수를 큰 소리로 읽어 보세요.

11	12	13	14	15
16	17	18	19	20
21	22	23	24	25

| 21 | 22 | 23 |

| 1작은 수 | 1큰 수 | 1작은 수 | 1큰 수 |

☆ 13 ☆　　☆ 17 ☆

☆ 23 ☆　　☆ 27 ☆

☆ 25 ☆　　☆ 19 ☆

23

30까지의 수를 셀 수 있어요

✳ 개수를 세어 그 수에 ○ 하고 읽어 보세요.

✳ 개미는 모두 몇 마리일까요? 그 수를 쓰세요.

참 잘했어요!

✳ 비둘기는 모두 몇 마리일까요? 그 수에 ○하세요.

| 21 | 22 | 23 | 24 | 25 |

✳ 다음 수를 큰 소리로 읽어 보세요.

11	12	13	14	15
16	17	18	19	20
21	22	23	24	25

24

30까지의 수를 셀 수 있어요

✱ 개수를 세어 그 수에 ○ 하고 읽어 보세요.

✱ 자동차는 모두 몇 대일까요?
스티커를 붙이세요.

참 잘했어요!

✱ 동물 모두 몇 마리일까요? 그 수에 ○하세요.

| 26 | 27 | 28 | 29 | 30 |

✱ 다음 수를 큰 소리로 읽어 보세요.

16	17	18	19	20
21	22	23	24	25
26	27	28	29	30

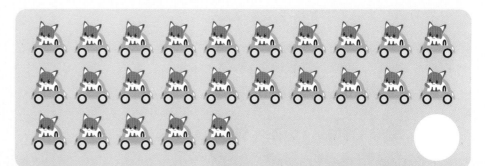

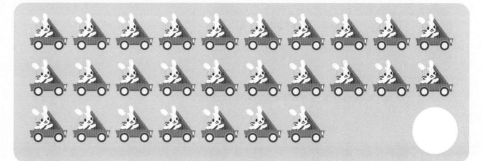

25

30까지의 수를 셀 수 있어요

차례수

✱ 문제를 읽고 알맞은 답을 쓰세요.

참 잘했어요!

✱ 왼쪽 그림의 수보다 '1' 많게 ○를 그리세요.

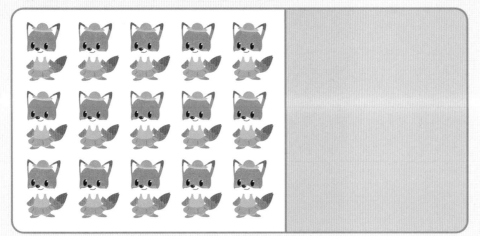

✱ 왼쪽 그림의 수보다 '1' 적게 ○를 그리세요.

✱ 16~30까지의 수를 큰 소리로 읽어 보세요.

16	17	18	19	20
21	22	23	24	25
26	27	28	29	30

✱ ○ 안에 사이 수를 쓰세요.

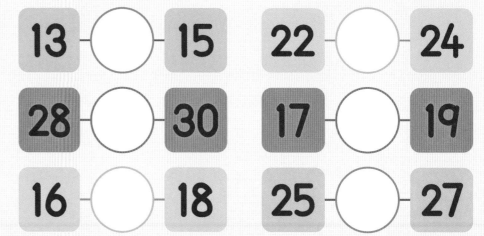

13 ○ 15   22 ○ 24

28 ○ 30   17 ○ 19

16 ○ 18   25 ○ 27

26

하나 더 많아요

더하기

❋ 왼쪽 그림보다 하나 더 많게 ○를 그리세요.

❋ 하나씩 짝을 지어 보고 더 많은 것에 ○하세요.

참 잘했어요!

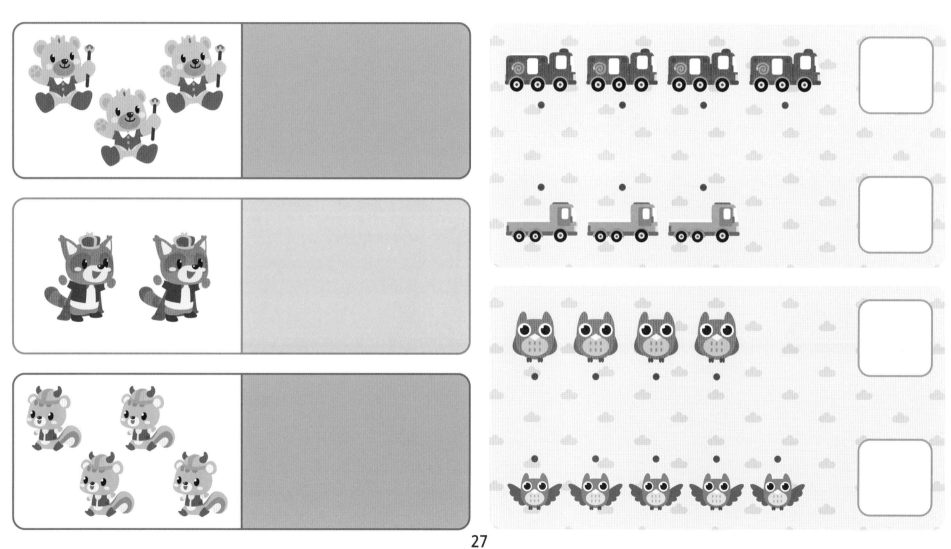

덧셈을 알 수 있어요

✳ 그림을 보고, 덧셈식을 읽고 □안에 수를 쓰세요.

참 잘했어요!

1 + 2 = ☐

2 + 2 = ☐

28

덧셈을 알 수 있어요

❋ 그림을 보고, 덧셈식을 따라 쓰세요.

❋ 그림을 보고, 빈칸에 알맞은 수를 쓰세요.

참 잘했어요!

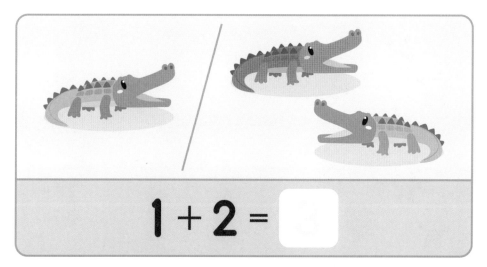

$1 + 2 = \boxed{}$

$2 + 3 = \boxed{}$

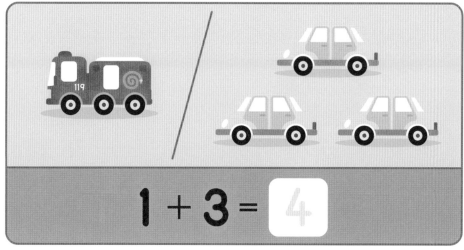

$1 + 3 = \boxed{4}$

$4 + 1 = \boxed{}$

29

덧셈을 알 수 있어요

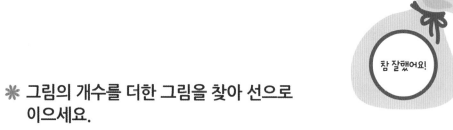

✱ 그림을 보고, 빈칸에 알맞은 수를 쓰세요.

✱ 그림의 개수를 더한 그림을 찾아 선으로 이으세요.

$1 + 1 = \boxed{}$

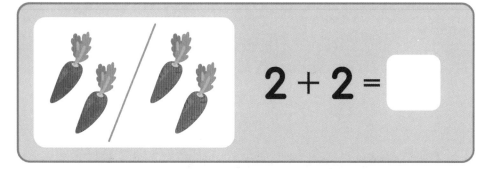

$2 + 2 = \boxed{}$

$3 + 1 = \boxed{}$

덧셈을 알 수 있어요

더하기

참 잘했어요!

✳ 그림을 보고, □ 안에 알맞은 수를 쓰세요.

$1 + 2 =$ □

$3 + 1 =$ □

$2 + 2 =$ □

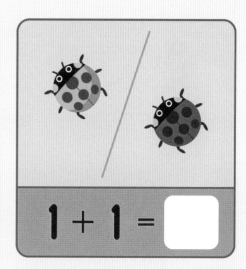

$1 + 1 =$ □

$2 + 2 =$ □

$1 + 4 =$ □

$1 + 3 =$ □

$3 + 2 =$ □

31

덧셈을 알 수 있어요

✳ 그림을 보고, □ 안에 알맞은 수를 쓰세요.

참 잘했어요!

$+\ \dfrac{1}{2}$

$1 + 2 = \boxed{}$

$+\ \dfrac{2}{2}$

$2 + 2 = \boxed{}$

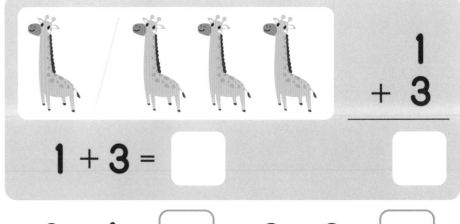

$+\ \dfrac{1}{3}$

$1 + 3 = \boxed{}$

$+\ \dfrac{3}{1}$

$3 + 1 = \boxed{}$

$+\ \dfrac{3}{2}$

$3 + 2 = \boxed{}$

$2 + 1 = \boxed{}$

$2 + 2 = \boxed{}$

$4 + 1 = \boxed{}$

$3 + 2 = \boxed{}$

$+\ \dfrac{3}{1}$

$\boxed{}$

$+\ \dfrac{1}{1}$

$\boxed{}$

$+\ \dfrac{1}{4}$

$\boxed{}$

$+\ \dfrac{2}{1}$

$\boxed{}$

하나 더 적어요

✳ 왼쪽 그림보다 하나 더 적게 ○를 그리세요.   ✳ 하나씩 짝지어 보고 더 적은 것에 ○ 하세요.

참 잘했어요!

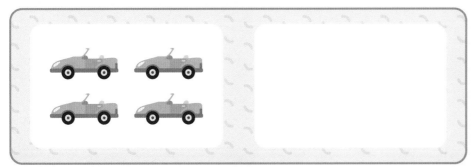

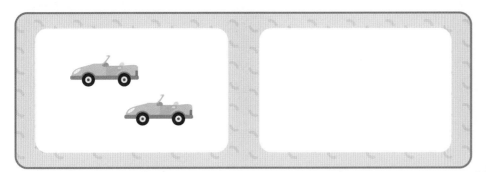

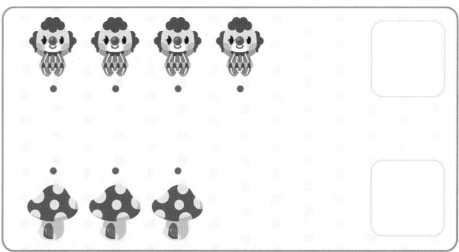

33

빼기를 할 수 있어요

※ 그림을 보고, 뺄셈식을 읽고 □ 안에 수를 쓰세요.

2 − 1 =

3 − 1 =

34

뺄셈을 알 수 있어요

※ 그림을 보고, □안에 알맞은 수를 쓰세요.

참 잘했어요!

$$3 - 1 = \boxed{}$$

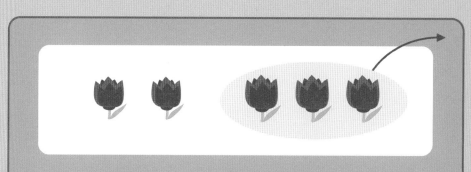

$$5 - 3 = \boxed{}$$

$$4 - 2 = \boxed{}$$

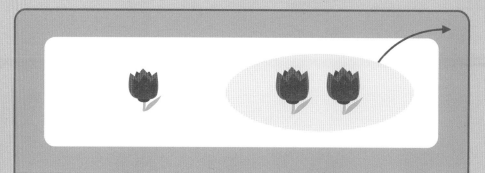

$$3 - 2 = \boxed{}$$

35

뺄셈을 알 수 있어요

✳ 그림을 보고, 빈칸에 알맞은 수를 쓰세요.   ✳ 그림을 보고, 알맞은 답을 선으로 이으세요.

참 잘했어요!

$$2 - 1 = \boxed{}$$

$$3 - 1 = \boxed{}$$

$$4 - 2 = \boxed{}$$

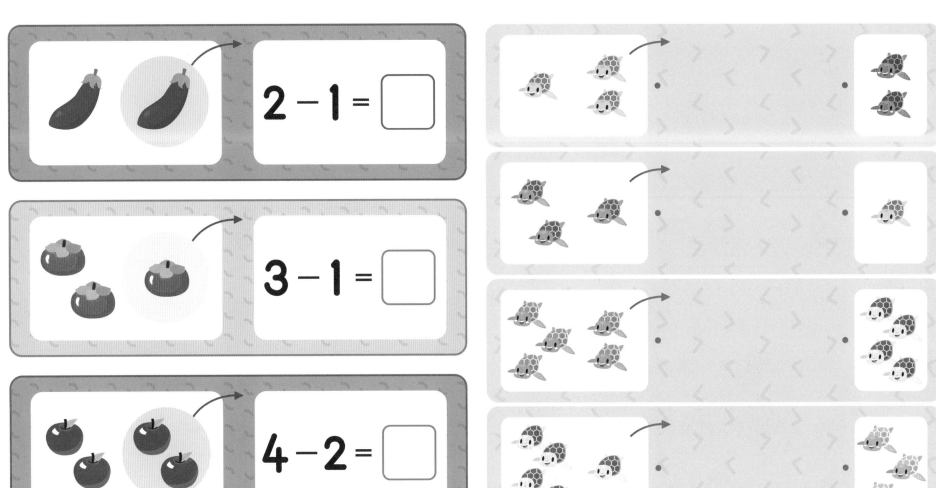

36

뺄셈을 알 수 있어요

✳ 그림을 보고, □안에 알맞은 수를 쓰세요.

참 잘했어요!

2 - 1 =

3 - 1 =

4 - 1 =

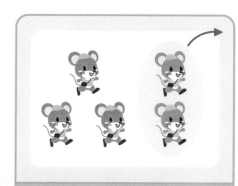

5 - 2 =

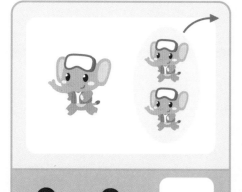

3 - 2 =

4 - 2 =

5 - 3 =

4 - 3 =

뺄셈을 알 수 있어요

✳ 그림을 보고, □안에 알맞은 수를 쓰세요.

✳ □ 안에 알맞은 수를 쓰세요.

2 − 1 = □

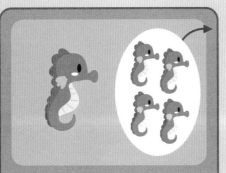

5 − 4 = □

3 − 2 = □

4 − 1 = □

5 − 2 = □

$$\begin{array}{r} 5 \\ -\ 2 \\ \hline □ \end{array}$$

3 − 1 = □   4 − 3 = □

2 − 1 = □   5 − 1 = □

$$\begin{array}{r} 4 \\ -\ 2 \\ \hline □ \end{array}$$ $$\begin{array}{r} 5 \\ -\ 3 \\ \hline □ \end{array}$$ $$\begin{array}{r} 3 \\ -\ 2 \\ \hline □ \end{array}$$ $$\begin{array}{r} 5 \\ -\ 4 \\ \hline □ \end{array}$$

38

31, 32 익히기

'31', '32'를 배워요

✳ 개수에 맞는 숫자를 선으로 잇고 숫자를 쓰세요.   ✳ 11~35까지의 수를 큰 소리로 읽어 보세요.

참 잘했어요!

31	31	31	32	32	32
31	31	31	32	32	32

11	12	13	14	15
16	17	18	19	20
21	22	23	24	25
26	27	28	29	30
31	32	33	34	35

31

32

'33', '34'를 배워요

✳ 개수에 맞는 숫자를 선으로 잇고 숫자를 쓰세요. ✳ 그림의 개수가 가장 많은 것에 ○ 하세요.

참 잘했어요!

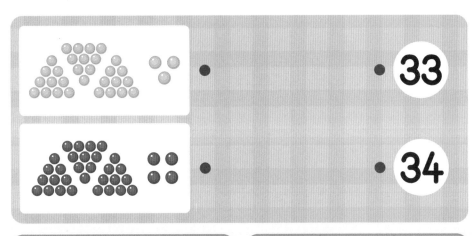

33

34

33 33 33   34 34 34

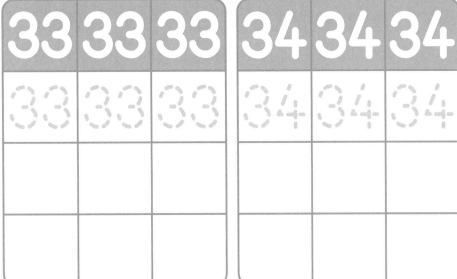

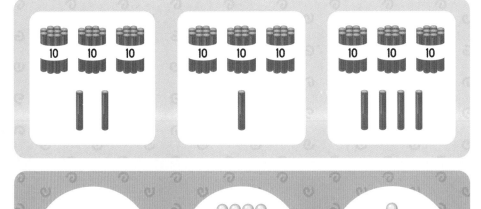

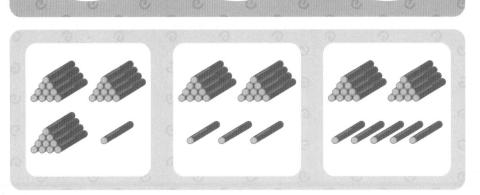

40

'35', '36'을 배워요

✳ 수를 세어 ○에 알맞은 스티커를 붙이세요.   ✳ 수의 크기를 비교하여 ○에 〉, =, 〈를 쓰세요.

참 잘했어요!

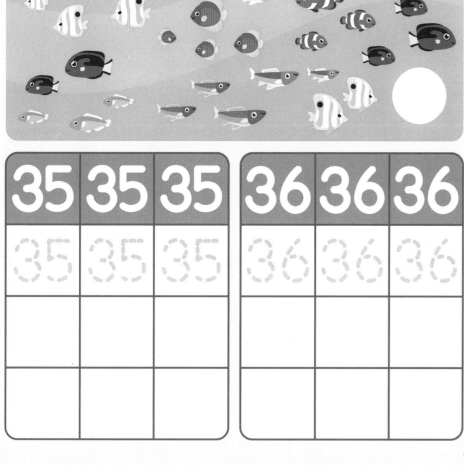

35	35	35	36	36	36
35	35	35	36	36	36

32	<	33	36	>	31

30 ◯ 34	9 ◯ 35
26 ◯ 32	17 ◯ 28
23 ◯ 36	30 ◯ 30
32 ◯ 35	32 ◯ 29

41

'37', '38'을 배워요

✳ 그림의 개수에 맞는 숫자에 ○ 하세요.

✳ ●에서 ★까지 숫자를 읽으면서 선을 이으세요.

참 잘했어요!

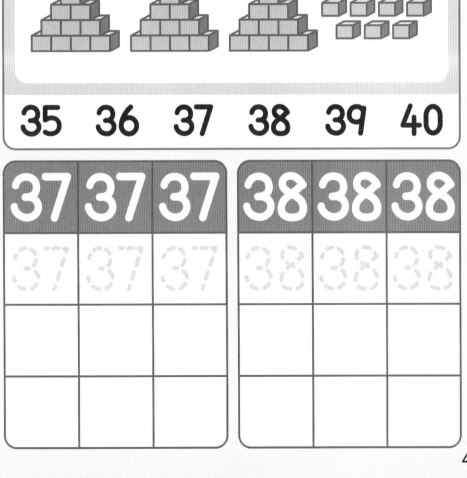

| 35 | 36 | 37 | 38 | 39 | 40 |

37	37	37	38	38	38
37	37	37	38	38	38

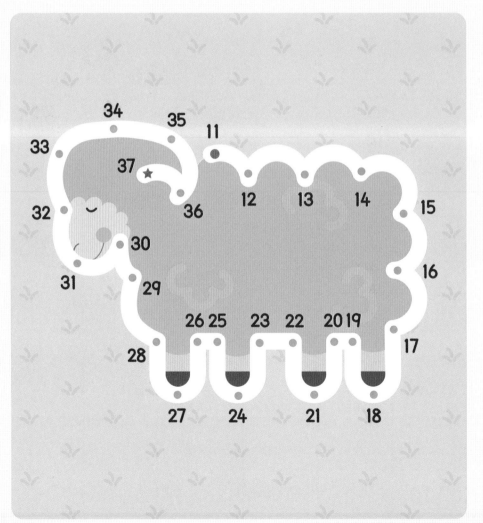

‘39’, ‘40’을 배워요

※ 구슬의 수를 세어 그 수의 스티커를 붙이세요.

※ 숫자를 큰 소리로 바르게 읽으세요.

39	39	39
39	39	39

40	40	40
40	40	40

11	12	13	14	15
16	17	18	19	20
21	22	23	24	25
26	27	28	29	30
31	32	33	34	35
36	37	38	39	40

40까지 수를 알아요

✳ 31~40까지의 수를 차례에 맞게 빈칸에 쓰세요.

참 잘했어요!

| | 32 | 33 | 34 | 35 | | 37 | 38 | 39 | 40 |

| 31 | | 33 | 34 | 35 | 36 | | 38 | 39 | 40 |

| 31 | 32 | | 34 | 35 | 36 | 37 | | 39 | 40 |

| 31 | 32 | 33 | | 35 | 36 | 37 | 38 | | 40 |

| 31 | 32 | 33 | 34 | | 36 | 37 | 38 | 39 | |

44

더하기를 할 수 있어요

덧셈과 뺄셈

✳ 그림을 보고, 빈칸에 알맞은 수를 쓰세요.

✳ □안에 알맞은 수를 쓰세요.

참 잘했어요!

2 + 2 =

3 + 1 =

1 + 4 =

2 + 3 =

1 + 1 =

1 + 2 =

3 + 1 = □   2 + 1 = □

4 + 1 = □   2 + 3 = □

3 + 2 = □   1 + 3 = □

1 + 1 = □   1 + 4 = □

$$\begin{array}{r} 2 \\ + 2 \\ \hline \end{array}$$ □

$$\begin{array}{r} 1 \\ + 2 \\ \hline \end{array}$$ □

$$\begin{array}{r} 1 \\ + 4 \\ \hline \end{array}$$ □

$$\begin{array}{r} 3 \\ + 1 \\ \hline \end{array}$$ □

45

빼기를 할 수 있어요

✳ 그림을 보고, 빈칸에 알맞은 수를 쓰세요.　　✳ □안에 알맞은 수를 쓰세요.

참 잘했어요!

3 − 1 =

4 − 2 =

5 − 4 =

2 − 1 =

3 − 2 =

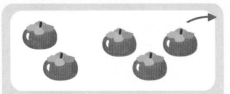

5 − 3 =

2 − 1 = ☐　　3 − 2 = ☐

4 − 2 = ☐　　5 − 3 = ☐

3 − 1 = ☐　　4 − 3 = ☐

5 − 4 = ☐　　5 − 1 = ☐

```
   4        3        5        5
 − 1      − 1      − 3      − 2
───────  ───────  ───────  ───────
```

46

차례수를 알 수 있어요

* 1~40까지의 차례수를 읽으면서 빈칸에 알맞은 수를 쓰세요.

참 잘했어요!

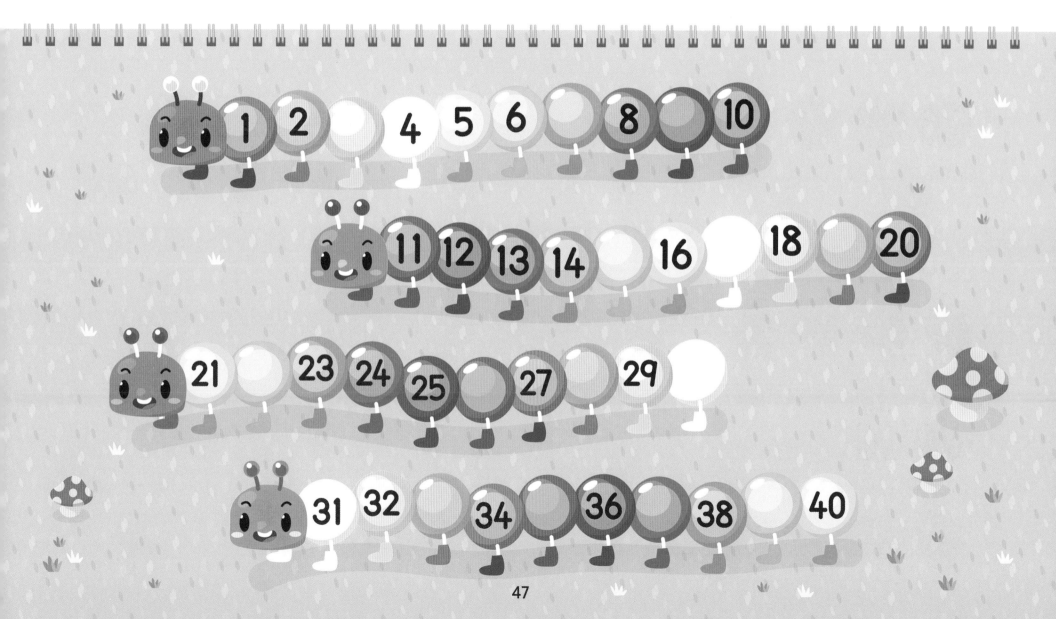

47

수를 셀 수 있어요

❋ 색칠되어 있는 수만큼 스티커를 붙이세요.　　❋ 더 큰 수를 따라 길을 찾아가세요.

참 잘했어요!

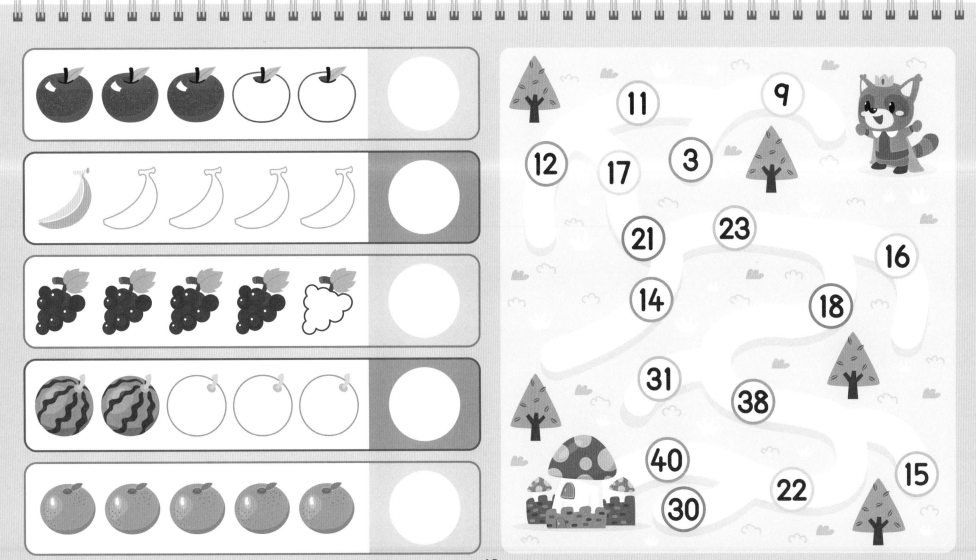

20까지의 수를 알아요

❋ 그림의 개수에 맞는 숫자를 ○ 하세요.

❋ 차례수에 맞게 빈칸에 들어갈 숫자를 쓰세요.

참 잘했어요!

20까지의 수

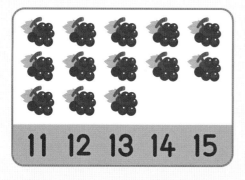

| 11 | 12 | 13 | 14 | 15 |

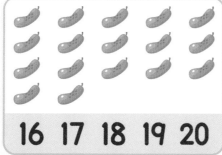

| 16 | 17 | 18 | 19 | 20 |

| 11 | 12 | 13 | 14 | 15 |

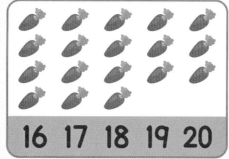

| 16 | 17 | 18 | 19 | 20 |

1	2	3	4	5
6	7	8	9	10
11	12	13	14	15
16	17	18	19	20

11	12	13	14	15
16	17	18	19	20

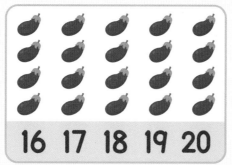

| 16 | 17 | 18 | 19 | 20 |

49

20까지의 수를 알아요

✳ 그림의 수보다 하나 더 많게 ○을 그리세요.　　　✳ 차례수에 맞게 빈칸에 들어갈 숫자를 쓰세요.

참 잘했어요!

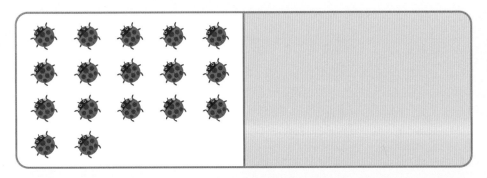

1	2	3	4	5
6	7	8	9	10
11	12	13	14	15
16	17	18	19	20

11	12	13	14	15
16	17	18	19	20

50

20까지의 수를 알아요

✳ □안에 알맞은 사이의 수를 쓰세요.

✳ 차례수에 맞게 빈칸에 들어갈 숫자를 쓰세요.

참 잘했어요!

✳ □안에 알맞은 사이의 수를 쓰세요.

15 ☐ 17

17 ☐ 19

12 ☐ 14

18 ☐ 20

11	12		13	14	15
16		17	18		19	20

✳ 그림의 개수를 세어 알맞은 숫자와 선으로 이으세요.

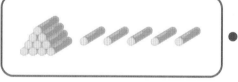 •

 •

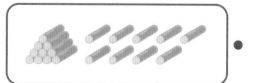 •

• 15

• 19

• 17

11	12	13	14	15
16	17	18	19	20

16	17	18	19	20

51

20까지의 수를 알아요

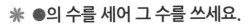

✻ ●의 수를 세어 그 수를 쓰세요.

✻ 차례수에 맞게 빈칸에 들어갈 숫자를 쓰세요.

참 잘했어요!

12	15

1	2			5
6				10
11				15
16				20
21	22	23	24	25
26	27	28	29	30

52

30까지의 수를 알아요

✳ 그림의 수에 맞는 숫자를 ○ 하세요.

✳ 차례수에 맞게 빈칸에 들어갈 숫자를 쓰세요.

참 잘했어요!

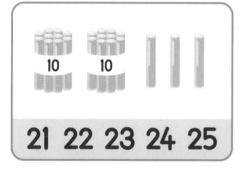

21 22 23 24 25

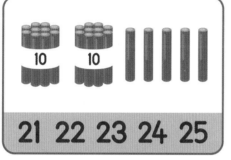

21 22 23 24 25

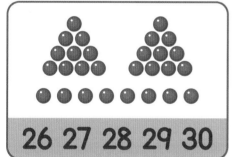

26 27 28 29 30

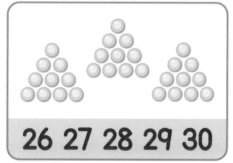

26 27 28 29 30

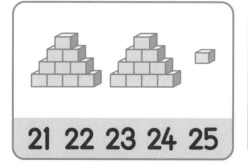

21 22 23 24 25

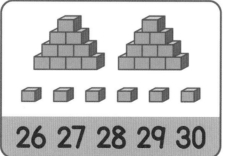

26 27 28 29 30

11	12	13	14	15
16	17	18	19	20
21	22	23	24	25
26	27	28	29	30

21	22	23	24	25
26	27	28	29	30

30까지의 수를 알아요

✳ 그림의 수를 세어 수 스티커를 붙이세요.

✳ 차례수에 맞게 빈칸에 들어갈 숫자를 쓰세요.

참 잘했어요!

11	12	13	14	15
16	17	18	19	20
21	22	23	24	25
26	27	28	29	30

21	22	23	24	25
26	27	28	29	30

54

30까지의 수를 알아요

❋ 알맞은 사이의 수를 쓰고 선을 이으세요.

❋ 차례수에 맞게 빈칸에 들어갈 숫자를 쓰세요.

참 잘했어요!

❋ □안에 알맞은 사이의 수를 쓰세요.

25 ☐ 27

27 ☐ 29

22 ☐ 24

28 ☐ 30

21	22	23	24	25
26	27	28	29	30

❋ 그림의 개수를 세어 알맞은 숫자와 선으로 이으세요.

• 23

• 21

• 28

21	22	23	24	25
26	27	28	29	30

26	27	28	29	30

55

30까지의 수를 알아요

참 잘했어요!

※ ●의 개수를 세어 그 수를 쓰세요.

※ 차례수에 맞게 빈칸에 들어갈 숫자를 쓰세요.

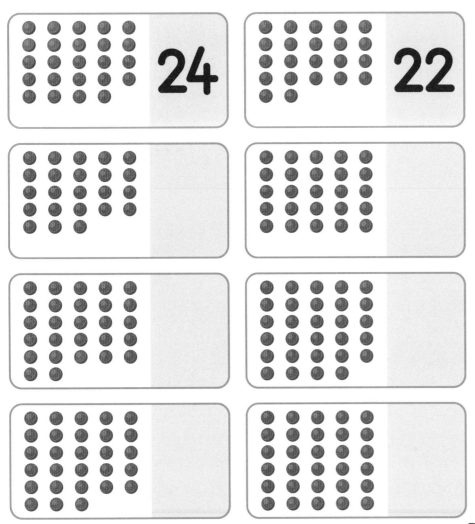

24

22

11	12			15
16				20
21				25
26				30
31	32	33	34	35
36	37	38	39	40

56

40까지의 수를 알아요

✳ 그림의 개수에 맞는 숫자를 ○ 하세요.

✳ 차례수에 맞게 빈칸에 들어갈 숫자를 쓰세요.

참 잘했어요!

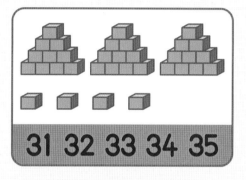

31 32 33 34 35

31 32 33 34 35

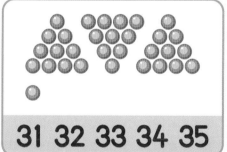

31 32 33 34 35

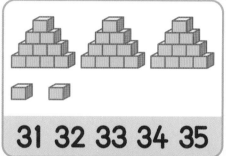

36 37 38 39 40

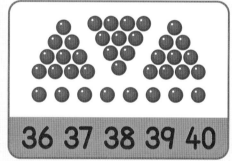

36 37 38 39 40

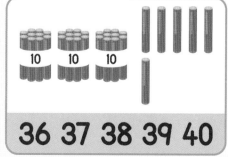

36 37 38 39 40

21	22	23	24	25
26	27	28	29	30
31	32	33	34	35
36	37	38	39	40

31	32	33	34	35
36	37	38	39	40

57

40까지의 수를 알아요

✳ 두 그림을 개수를 쓰고 더 큰 수에 ○ 하세요.

✳ 차례수에 맞게 빈칸에 들어갈 숫자를 쓰세요.

참 잘했어요!

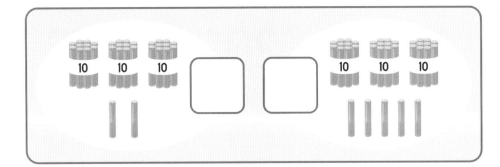

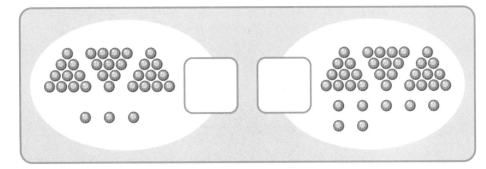

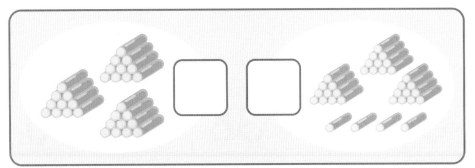

21	22	23	24	25
26	27	28	29	30
31	32	33	34	35
36	37	38	39	40

31	32	33	34	35
36	37	38	39	40

40까지의 수를 알아요

40까지의 수

❋ 알맞은 사이의 수를 쓰고 선을 이으세요.

❋ 차례수에 맞게 빈칸에 들어갈 숫자를 쓰세요.

참 잘했어요!

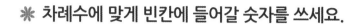

❋ □안에 알맞은 사이의 수를 쓰세요.

31 □ 33

34 □ 36

38 □ 40

35 □ 37

31	32		33		34		35
36		37		38		39	40

❋ 그림의 개수를 세어 알맞은 숫자와 선으로 이으세요.

 •

 •

 •

• 37

• 35

• 40

31	32		33	34		35
36		37	38		39	40

36	37	38	39	40

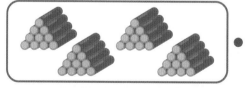

59

40까지의 수를 알아요

❋ ●의 개수를 세어 알맞은 숫자에 ○ 하세요.

❋ 차례수에 맞게 빈칸에 들어갈 숫자를 쓰세요.

참 잘했어요!

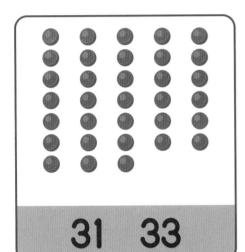
31   33

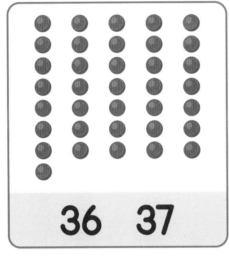
36   37

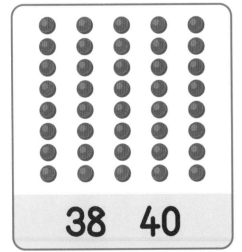
38   40

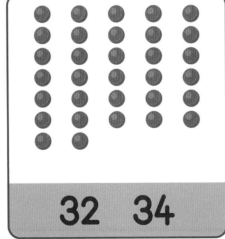
32   34

21	22			25
26				30
31				35
36				40
41	42	43	44	45
46	47	48	49	50

한 자리 수의 덧셈

✴ 그림을 보고, □안에 알맞은 수를 쓰세요.

참 잘했어요!

 1 + 1 = □

 2 + 2 = □

 1 + 2 = □

 3 + 2 = □

 1 + 3 = □

 4 + 2 = □

 1 + 4 = □

 5 + 2 = □

한 자리 수의 덧셈

✳ 그림을 보고, □안에 알맞은 수를 쓰세요.

2 + 1 =

2 + 2 =

3 + 2 =

3 + 4 =

2 + 3 =

4 + 1 =

5 + 1 =

3 + 3 =

1 + 2 =

5 + 2 =

4 + 2 =

3 + 5 =

한 자리 수의 덧셈

덧셈

✱ 그림을 보고, □안에 알맞은 수를 쓰세요.

$$1 + 1 =$$

$$\begin{array}{r} 2 \\ + 3 \\ \hline \end{array}$$

$$2 + 3 =$$

$$\begin{array}{r} 1 \\ + 2 \\ \hline \end{array}$$

$$1 + 2 =$$

$$\begin{array}{r} 2 \\ + 2 \\ \hline \end{array}$$

$$2 + 2 =$$

$$\begin{array}{r} 3 \\ + 1 \\ \hline \end{array}$$

$$3 + 1 =$$

$$\begin{array}{r} 3 \\ + 2 \\ \hline \end{array}$$

$$3 + 2 =$$

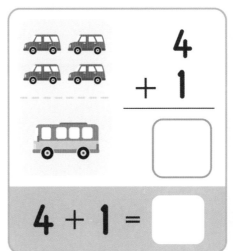

$$\begin{array}{r} 4 \\ + 1 \\ \hline \end{array}$$

$$4 + 1 =$$

$$\begin{array}{r} 1 \\ + 4 \\ \hline \end{array}$$

$$1 + 4 =$$

한 자리 수의 덧셈

✳ □안에 알맞은 수를 쓰세요.

참 잘했어요!

$$2 + 3 = \boxed{5}$$

$$\begin{array}{r} 2 \\ + 3 \\ \hline \boxed{5} \end{array}$$

$$5 + 2 = \boxed{}$$

$$\begin{array}{r} 5 \\ + 2 \\ \hline \boxed{} \end{array}$$

$$1 + 2 = \boxed{}$$

$$3 + 1 = \boxed{}$$

$$4 + 3 = \boxed{}$$

$$2 + 2 = \boxed{}$$

$$3 + 3 = \boxed{}$$

$$5 + 3 = \boxed{}$$

$$1 + 4 = \boxed{}$$

$$4 + 4 = \boxed{}$$

$$\begin{array}{r} 1 \\ + 2 \\ \hline \boxed{} \end{array} \qquad \begin{array}{r} 3 \\ + 1 \\ \hline \boxed{} \end{array} \qquad \begin{array}{r} 4 \\ + 1 \\ \hline \boxed{} \end{array} \qquad \begin{array}{r} 2 \\ + 2 \\ \hline \boxed{} \end{array}$$

$$\begin{array}{r} 3 \\ + 2 \\ \hline \boxed{} \end{array} \qquad \begin{array}{r} 4 \\ + 3 \\ \hline \boxed{} \end{array} \qquad \begin{array}{r} 5 \\ + 2 \\ \hline \boxed{} \end{array} \qquad \begin{array}{r} 3 \\ + 5 \\ \hline \boxed{} \end{array}$$

한 자리 수의 뺄셈

✳ 그림을 보고, □안에 알맞은 수를 쓰세요.

$2 - 1 =$ □

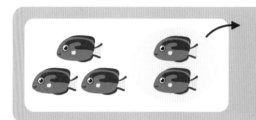

$5 - 2 =$ □

$4 - 2 =$ □

$4 - 1 =$ □

$3 - 1 =$ □

$5 - 4 =$ □

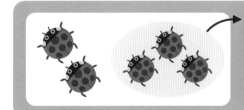

$5 - 3 =$ □

$3 - 2 =$ □

한 자리 수의 뺄셈

빨셈

✳ 그림을 보고, □안에 알맞은 수를 쓰세요.

참 잘했어요!

$3 - 1 =$ □

$4 - 2 =$ □

$5 - 2 =$ □

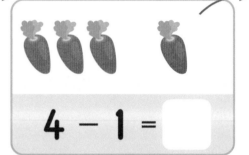

$4 - 1 =$ □

$5 - 3 =$ □

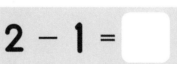

$2 - 1 =$ □

$4 - 2 =$ □

$3 - 2 =$ □

$3 - 2 =$ □

$4 - 3 =$ □

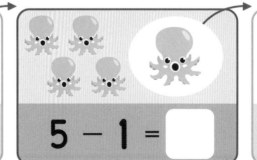

$5 - 1 =$ □

$5 - 4 =$ □

한 자리 수의 뺄셈

✳ 그림을 보고, □안에 알맞은 수를 쓰세요.

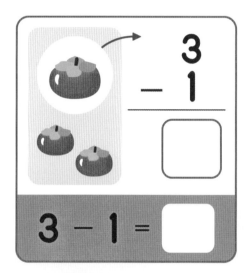

3
− 1

3 − 1 =

4
− 2

4 − 2 =

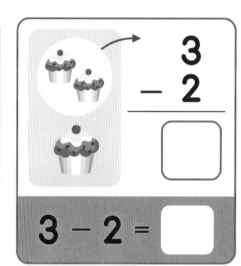

3
− 2

3 − 2 =

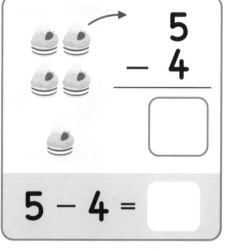

5
− 4

5 − 4 =

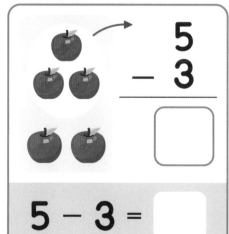

5
− 3

5 − 3 =

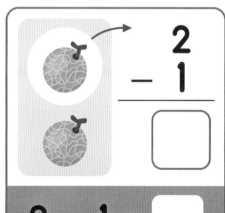

2
− 1

2 − 1 =

4
− 3

4 − 3 =

5
− 2

5 − 2 =

한 자리 수의 뺄셈

✳ □안에 알맞은 수를 쓰세요.

참 잘했어요!

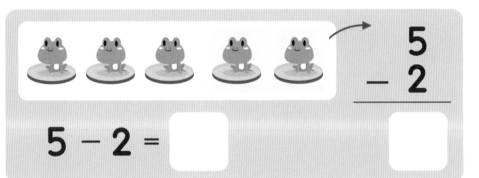

$$5 - 2 = \boxed{}$$

$$\begin{array}{r} 5 \\ -\ 2 \\ \hline \boxed{} \end{array}$$

$$4 - 3 = \boxed{}$$

$$\begin{array}{r} 4 \\ -\ 3 \\ \hline \boxed{} \end{array}$$

2 − 1 = ☐   3 − 2 = ☐

5 − 4 = ☐   4 − 3 = ☐

3 − 1 = ☐   5 − 1 = ☐

4 − 2 = ☐   4 − 1 = ☐

$$\begin{array}{r} 2 \\ -\ 1 \\ \hline \boxed{} \end{array} \qquad \begin{array}{r} 3 \\ -\ 1 \\ \hline \boxed{} \end{array} \qquad \begin{array}{r} 4 \\ -\ 2 \\ \hline \boxed{} \end{array} \qquad \begin{array}{r} 5 \\ -\ 4 \\ \hline \boxed{} \end{array}$$

$$\begin{array}{r} 4 \\ -\ 1 \\ \hline \boxed{} \end{array} \qquad \begin{array}{r} 3 \\ -\ 2 \\ \hline \boxed{} \end{array} \qquad \begin{array}{r} 5 \\ -\ 3 \\ \hline \boxed{} \end{array} \qquad \begin{array}{r} 4 \\ -\ 3 \\ \hline \boxed{} \end{array}$$

50까지의 수를 알아요

✳ 41, 42, 43을 바르게 쓰세요.

✳ 그림의 개수에 맞는 숫자를 선으로 이으세요.

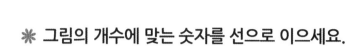

참 잘했어요!

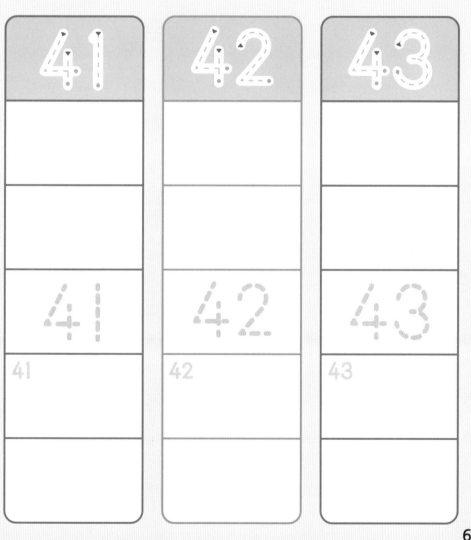

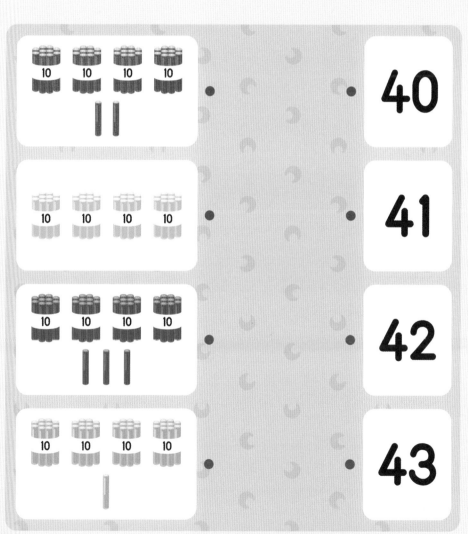

69

50까지의 수를 알아요

✳ 43, 44, 45를 바르게 쓰세요.

✳ 그림의 개수를 세어 ○안에 스티커를 붙이세요.

참 잘했어요!

43	44	45
43	44	45
43	44	45
43	44	45
43	44	45

70

50까지의 수를 알아요

✳ 45, 46, 47을 바르게 쓰세요.

✳ 개수를 ○에 쓰고 〉, =, 〈를 □에 쓰세요.

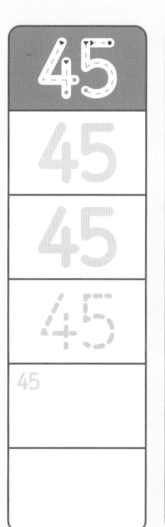

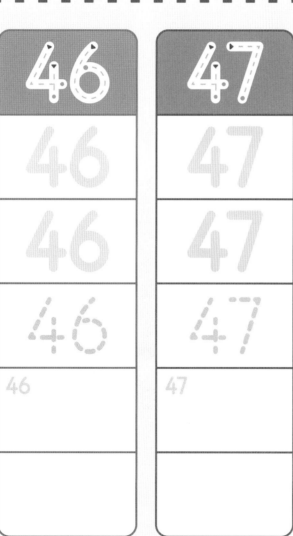

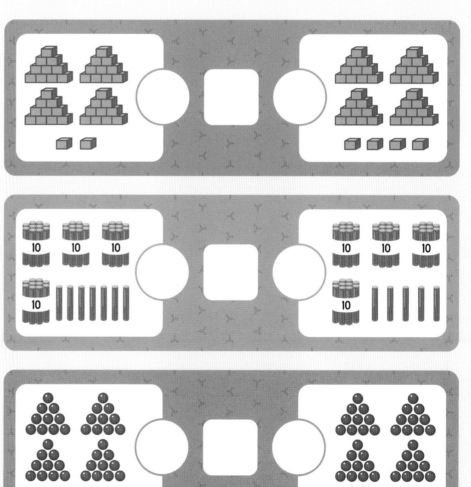

50까지의 수를 알아요

❋ 48, 49, 50을 바르게 쓰세요.

❋ 차례수에 맞게 알맞은 숫자 스티커를 붙이세요.

참 잘했어요!

48	49	50
48	49	50
48	49	50

50까지의 수를 알아요

50까지의 수

❋ 그림의 수를 세어 알맞은 말에 ○하세요.

❋ 차례수에 맞게 빈칸에 들어갈 숫자를 쓰세요.

참 잘했어요!

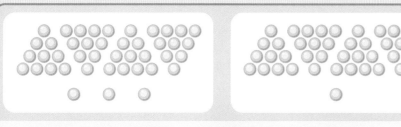

43은 41보다 (작습니다 / 큽니다).

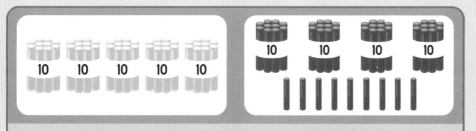

50은 49보다 (작습니다 / 큽니다).

42는 44보다 (작습니다 / 큽니다).

31		33		35
36		38		40
41	42	43	44	45
46	47	48	49	50
51	52	53	54	55
56	57	58	59	60

73

50까지의 수

50까지의 수를 알아요

✳ 그림의 수를 세어 알맞은 말에 ○ 하세요.

✳ 차례수에 맞게 빈칸에 들어갈 숫자를 쓰세요.

참 잘했어요!

44는 48보다 (큽니다 / 작습니다).

43은 42보다 (큽니다 / 작습니다).

45는 47보다 (큽니다 / 작습니다).

	42	43	44	45
41		43	44	45
41	42		44	45
41	42	43		45
41	42	43	44	

74

50까지의 수를 알아요

참 잘했어요!

* □ 안에 알맞은 수를 쓰세요.

* 차례수에 맞게 빈칸에 들어갈 숫자를 쓰세요.

* 1작은 수와 1큰 수를 □안에 쓰세요.

	42			45	
	43			47	
	48			49	

* □안에 알맞은 사이의 수를 쓰세요.

사이의 수

40 ◯ 42

42 ◯ 44

사이의 수

44 ◯ 46

47 ◯ 49

	47	48	49	50
46		48	49	50
46	47		49	50
46	47	48		50
46	47	48	49	

75

50까지의 수를 알아요

✳ 41~45까지의 숫자를 바르게 쓰세요.　　✳ 46~50까지의 숫자를 바르게 쓰세요.

참 잘했어요!

41	42	43	44	45	46	47	48	49	50
사십일/마흔하나	사십이/마흔둘	사십삼/마흔셋	사십사/마흔넷	사십오/마흔다섯	사십육/마흔여섯	사십칠/마흔일곱	사십팔/마흔여덟	사십구/마흔아홉	오십/쉰
	42		44			47		49	
	42		44			47		49	
41	42	43	44	45	46	47	48	49	50
41	42	43	44	45	46	47	48	49	50

76

60까지의 수를 알아요

※ 51, 52, 53을 바르게 쓰세요.

※ 빈칸에 들어갈 숫자를 바르게 쓰세요.

참 잘했어요!

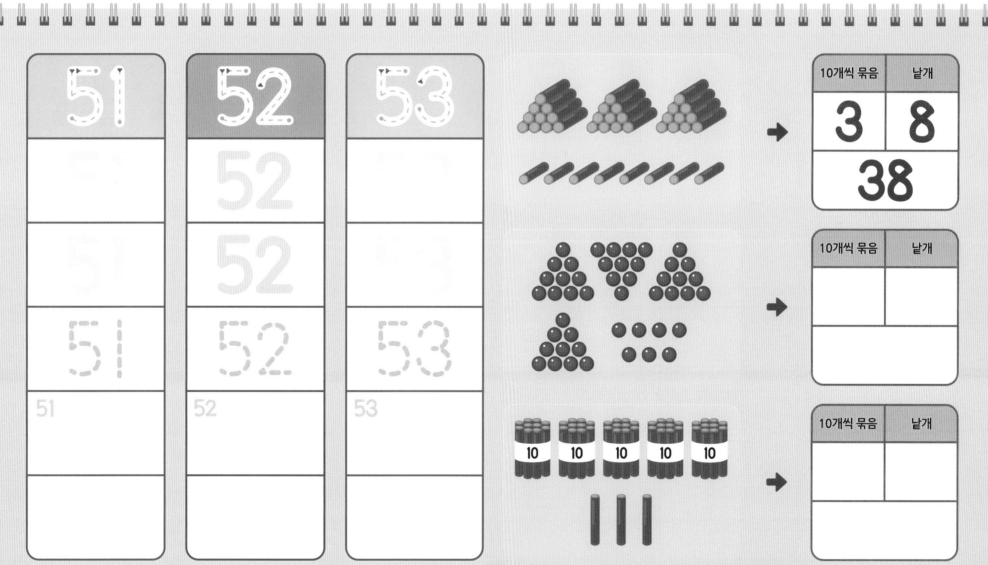

10개씩 묶음	낱개
3	8
38	

10개씩 묶음	낱개

10개씩 묶음	낱개

77

60까지의 수를 알아요

❋ 53, 54, 55를 바르게 쓰세요.

❋ 그림의 수를 세어 알맞은 수에 ○하세요.

참 잘했어요!

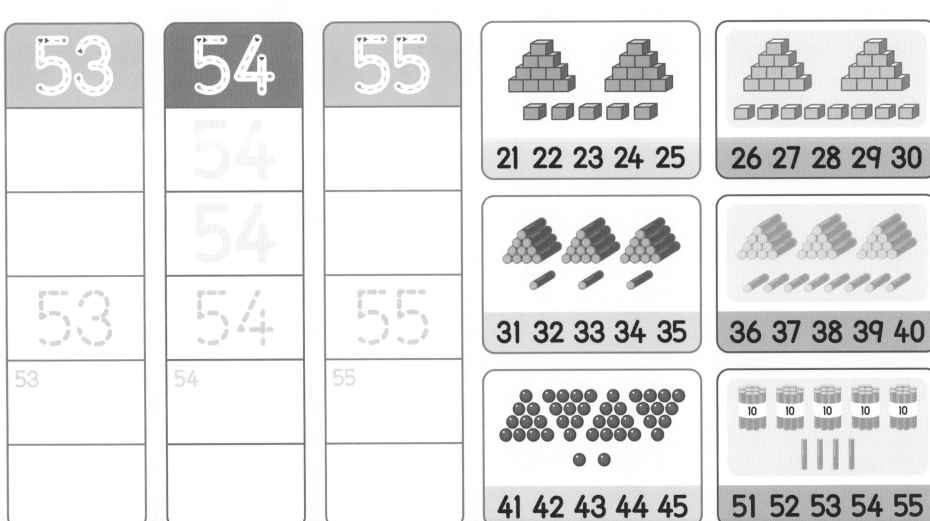

53	54	55
	54	
	54	
53	54	55
53	54	55

21 22 23 24 25

26 27 28 29 30

31 32 33 34 35

36 37 38 39 40

41 42 43 44 45

51 52 53 54 55

60까지의 수를 알아요

✳ 55, 56, 57을 바르게 쓰세요.

✳ 알맞은 수를 찾아 선으로 이으세요.

참 잘했어요!

55	56	57
55		57
55		57
55	56	57
55	56	57

10개씩 묶음	낱개
2	8

28

10개씩 묶음	낱개
5	4

47

10개씩 묶음	낱개
3	6

54

10개씩 묶음	낱개
4	7

36

79

60까지의 수를 알아요

✳ 58, 59, 60을 바르게 쓰세요.

✳ 개수를 세어 맞는 수와 선으로 이으세요.

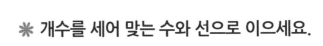

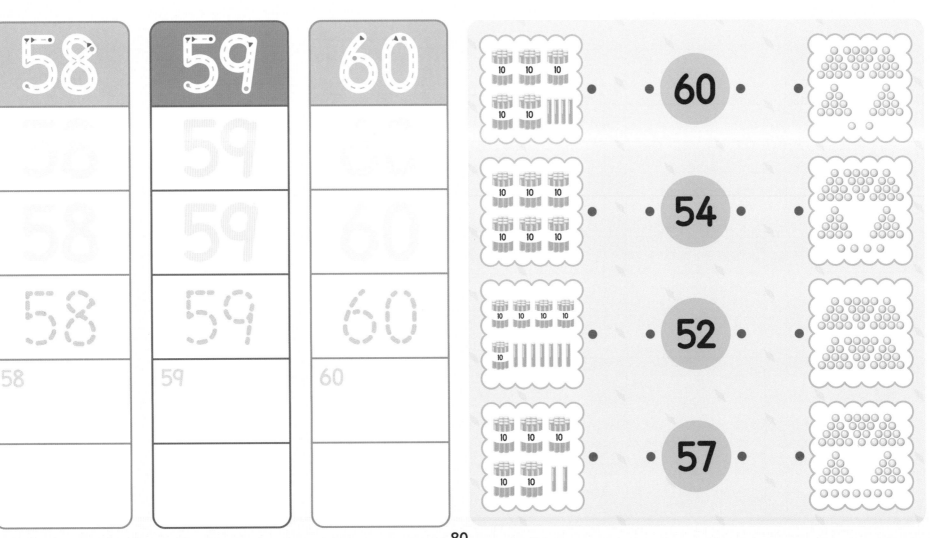

60까지의 수를 알아요

✳ 그림의 개수를 세어 알맞은 말에 ○ 하세요.　　✳ 차례수에 맞게 빈칸에 들어갈 숫자를 쓰세요.

참 잘했어요!

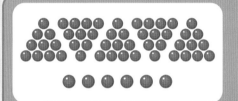

56은 53보다 (작습니다 / 큽니다).

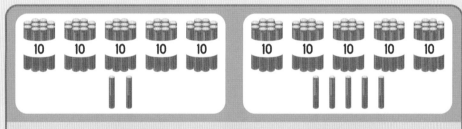

52는 55보다 (작습니다 / 큽니다).

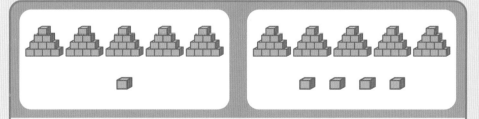

51은 54보다 (작습니다 / 큽니다).

41		43		45
46		48		50
51	52	53	54	55
56	57	58	59	60
61	62	63	64	65
66	67	68	69	70

81

60까지의 수를 알아요

❋ 그림의 개수를 세어 그 수에 ○ 하세요.

❋ 차례수에 맞게 빈칸에 들어갈 숫자를 쓰세요.

참 잘했어요!

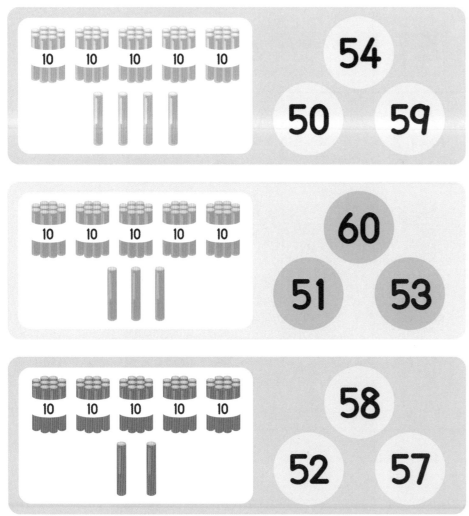

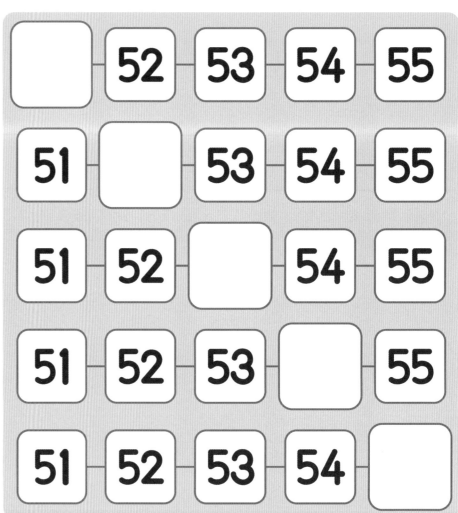

82

60까지의 수를 알아요

✳ ○안에 1 작은 수와 1 큰 수를 쓰세요.

✳ 빈칸에 차례수에 맞는 수 스티커를 붙이세요.

참 잘했어요!

○	○	○	○
51		56	

○	○	○	○
	54		53

○	○	○	○
59		57	

	57	58	59	60
56		58	59	60
56	57		59	60
56	57	58		60
56	57	58	59	

83

60까지의 수를 알아요

※ 51~55까지의 숫자를 바르게 쓰세요.

※ 56~60까지의 숫자를 바르게 쓰세요.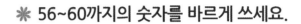

참 잘했어요!

51	52	53	54	55
51	52	53	54	55
51	52	53	54	55

56	57	58	59	60
56	57	58	59	60
56	57	58	59	60

한 자리 수의 덧셈

✳ 그림을 보고, □안에 알맞은 수를 쓰세요.

참 잘했어요!

3 + 4 =

6 + 2 =

7 + 1 =

5 + 3 =

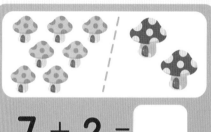

7 + 2 =

3 + 6 =

8 + 1 =

4 + 4 =

5 + 4 =

6 + 1 =

한 자리 수의 덧셈

덧셈

✱ 그림을 보고, □안에 알맞은 수를 쓰세요.

4 + 2 = ☐

5 + 1 = ☐

$$\begin{array}{r} 6 \\ +\ 2 \\ \hline \end{array}$$

6 + 2 = ☐

☐

3 + 2 = ☐

1 + 6 = ☐

4 + 3 = ☐

2 + 5 = ☐

$$\begin{array}{r} 2 \\ +\ 7 \\ \hline \end{array}$$

2 + 7 = ☐

☐

5 + 3 = ☐

4 + 4 = ☐

5 + 4 = ☐

1 + 8 = ☐

한 자리 수의 덧셈

✳ □안에 알맞은 수를 쓰세요.

✳ 다음 덧셈을 하세요.

참 잘했어요!

2 + 5 = ☐

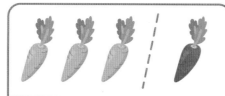

3 + 1 = ☐

4 + 2 = ☐

$$\begin{array}{r} 4 \\ +\ 2 \\ \hline \ \end{array}$$

4 + 4 = ☐

2 + 7 = ☐

3 + 3 = ☐   8 + 1 = ☐

5 + 4 = ☐   4 + 3 = ☐

1 + 8 = ☐

5 + 3 = ☐

6 + 2 = ☐   2 + 2 = ☐

1 + 5 = ☐   3 + 6 = ☐

한 자리 수의 덧셈

❋ □안에 알맞은 수를 쓰세요.

❋ 다음 덧셈을 하세요.

$$\begin{array}{r} 3 \\ +\ 3 \\ \hline \square \end{array}$$

$$\begin{array}{r} 2 \\ +\ 4 \\ \hline \square \end{array}$$

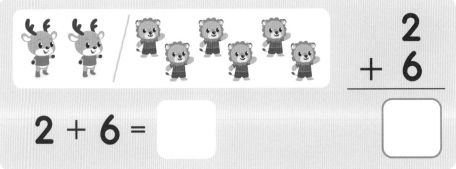

$$2 + 6 = \square$$

$$\begin{array}{r} 2 \\ +\ 6 \\ \hline \square \end{array}$$

$$\begin{array}{r} 5 \\ +\ 2 \\ \hline \square \end{array}$$

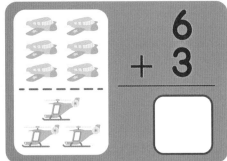

$$\begin{array}{r} 6 \\ +\ 3 \\ \hline \square \end{array}$$

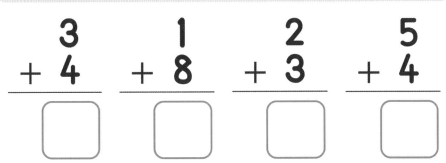

$$\begin{array}{r} 3 \\ +\ 4 \\ \hline \square \end{array} \qquad \begin{array}{r} 1 \\ +\ 8 \\ \hline \square \end{array} \qquad \begin{array}{r} 2 \\ +\ 3 \\ \hline \square \end{array} \qquad \begin{array}{r} 5 \\ +\ 4 \\ \hline \square \end{array}$$

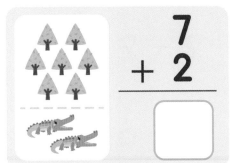

$$\begin{array}{r} 7 \\ +\ 2 \\ \hline \square \end{array}$$

$$\begin{array}{r} 2 \\ +\ 3 \\ \hline \square \end{array}$$

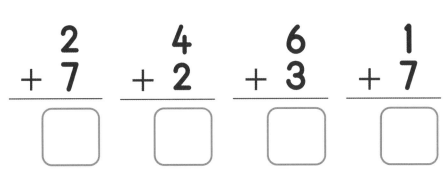

$$\begin{array}{r} 2 \\ +\ 7 \\ \hline \square \end{array} \qquad \begin{array}{r} 4 \\ +\ 2 \\ \hline \square \end{array} \qquad \begin{array}{r} 6 \\ +\ 3 \\ \hline \square \end{array} \qquad \begin{array}{r} 1 \\ +\ 7 \\ \hline \square \end{array}$$

한 자리 수의 뺄셈

✳ 그림을 보고, □안에 알맞은 수를 쓰세요.

4 − 2 = ☐

5 − 3 = ☐

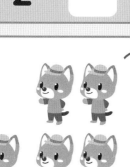

7 − 4 = ☐

6 − 2 = ☐

5 − 2 = ☐

4 − 1 = ☐

8 − 4 = ☐

6 − 2 = ☐

7 − 3 = ☐

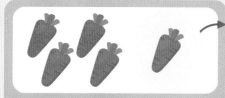

5 − 1 = ☐

한 자리 수의 뺄셈

✱ □안에 알맞은 수를 쓰세요.

$$\begin{array}{r} 5 \\ -\ 2 \\ \hline \square \end{array}$$

5 − 2 = □

$$\begin{array}{r} 4 \\ -\ 1 \\ \hline \square \end{array}$$

4 − 1 = □

$$\begin{array}{r} 7 \\ -\ 3 \\ \hline \square \end{array}$$

7 − 3 = □

$$\begin{array}{r} 6 \\ -\ 4 \\ \hline \square \end{array}$$

6 − 4 = □

$$\begin{array}{r} 7 \\ -\ 4 \\ \hline \square \end{array}$$

7 − 4 = □

✱ 다음 뺄셈을 하세요.

$$\begin{array}{r} 8 \\ -\ 6 \\ \hline \square \end{array} \quad \begin{array}{r} 5 \\ -\ 4 \\ \hline \square \end{array} \quad \begin{array}{r} 3 \\ -\ 1 \\ \hline \square \end{array} \quad \begin{array}{r} 6 \\ -\ 2 \\ \hline \square \end{array}$$

$$\begin{array}{r} 4 \\ -\ 3 \\ \hline \square \end{array} \quad \begin{array}{r} 7 \\ -\ 5 \\ \hline \square \end{array} \quad \begin{array}{r} 9 \\ -\ 6 \\ \hline \square \end{array} \quad \begin{array}{r} 8 \\ -\ 3 \\ \hline \square \end{array}$$

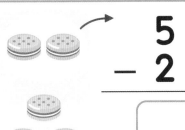

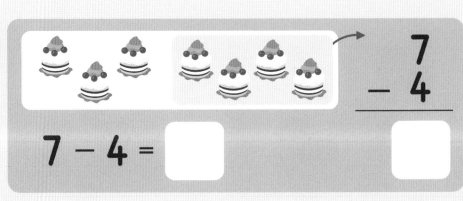

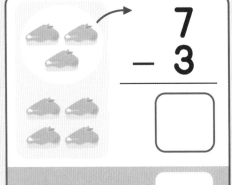

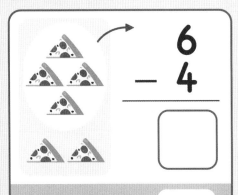

사과를 몇 개 따야 할까요?

✳ 바구니에 쓰인 수가 되도록 과일 스티커를 붙이세요.

길을 찾아가요

✳ 더하기와 빼기를 하여 맞는 식을 따라 길을 찾아가세요.

$2 + 3 = 5$

$3 - 1 = 4$

$1 + 2 = 2$

$2 + 4 = 6$

$5 - 2 = 3$

$6 - 5 = 2$

$3 + 3 = 5$

$4 + 4 = 8$

$7 - 4 = 3$

$6 + 3 = 9$

$8 - 3 = 6$

$5 + 3 = 9$

92

입학 전 수학떼기 5·6세

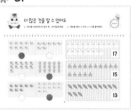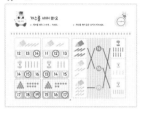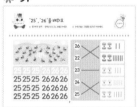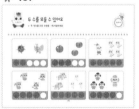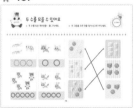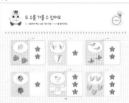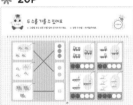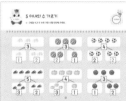
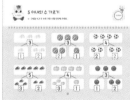

입학 전 **수학떼기** 5·6세

❋ 27P
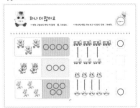

❋ 28P

❋ 29P
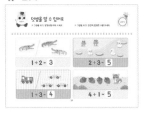

❋ 30P

❋ 3IP
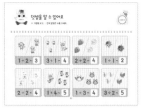

❋ 32P

❋ 33P
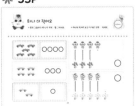

❋ 34P

❋ 35P

❋ 36P
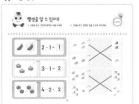

❋ 37P
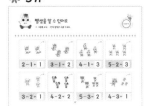

❋ 38P
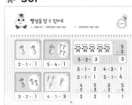

❋ 39P

❋ 40P

❋ 4IP

❋ 42P

❋ 43P

❋ 44P

❋ 45P

❋ 46P
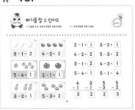

❋ 47P

❋ 48P
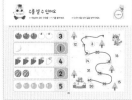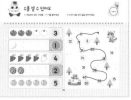

❋ 49P

❋ 50P

❋ 5IP

❋ 52P

입학 전 수학떼기 5·6세

※ 53P

※ 54P

※ 55P

※ 56P

※ 57P

※ 58P

※ 59P
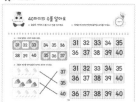

※ 60P

※ 6IP

※ 62P

※ 63P

※ 64P

※ 65P

※ 66P
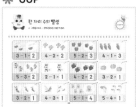

※ 67P

※ 68P

※ 69P

※ 70P

※ 7IP

※ 72P

※ 73P

※ 74P

※ 75P
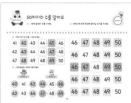

※ 76P

※ 77P

※ 78P

입학 전 수학떼기 5·6세

※ 79P

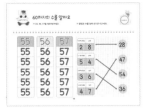

※ 80P

※ 81P

※ 82P

※ 83P

※ 84P

※ 85P

※ 86P

※ 87P

※ 88P

※ 89P

※ 90P

※ 91P

※ 92P

입학 전 수학떼기 5·6세

※ '참 잘했어요!'에 붙여 주세요.

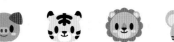

※ 1P

※ 2P

※ 3P

17   15   13

※ 7P
21

※ 8P
23

※ 19P
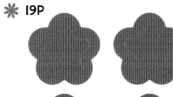

※ 21P

※ 25P
25   27   24

※ 41P
36

※ 43P
40